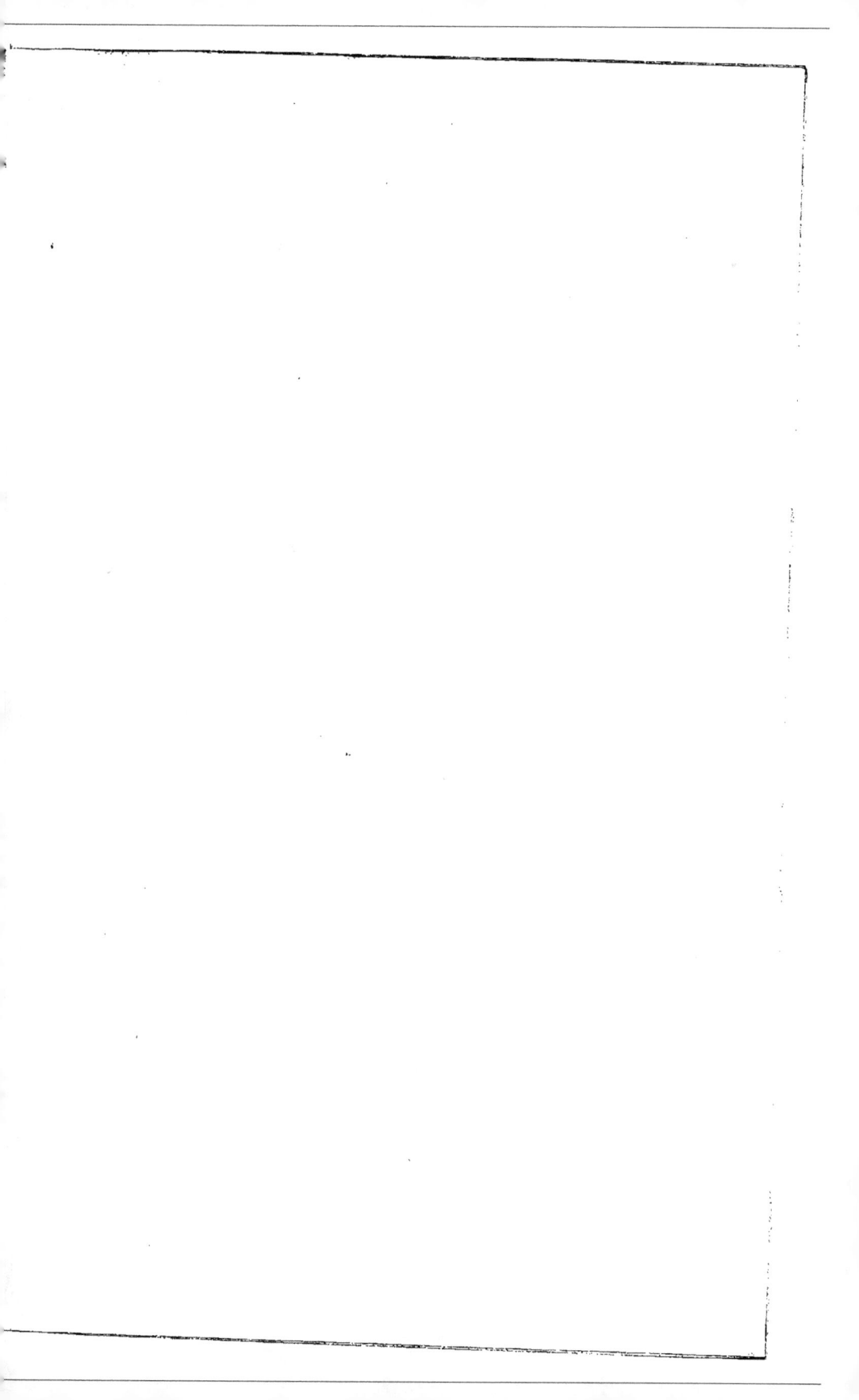

SUR LES

TRAVAUX GÉOLOGIQUES

DE

M. V. THIOLLIÈRE;

PAR

M. J. FOURNET,

PROFESSEUR A LA FACULTÉ DES SCIENCES
DE LYON.

LYON.

IMPRIMERIE DE LÉON BOITEL,

QUAI ST-ANTOINE, 36.

—

1848.

SUR LES

TRAVAUX GÉOLOGIQUES

DE

M. V. THIOLLIÈRE;

PAR

M. J. FOURNET,

PROFESSEUR A LA FACULTÉ DES SCIENCES
DE LYON.

LYON.

IMPRIMERIE DE LÉON BOITEL,

QUAI ST-ANTOINE, 36.

—

1848.

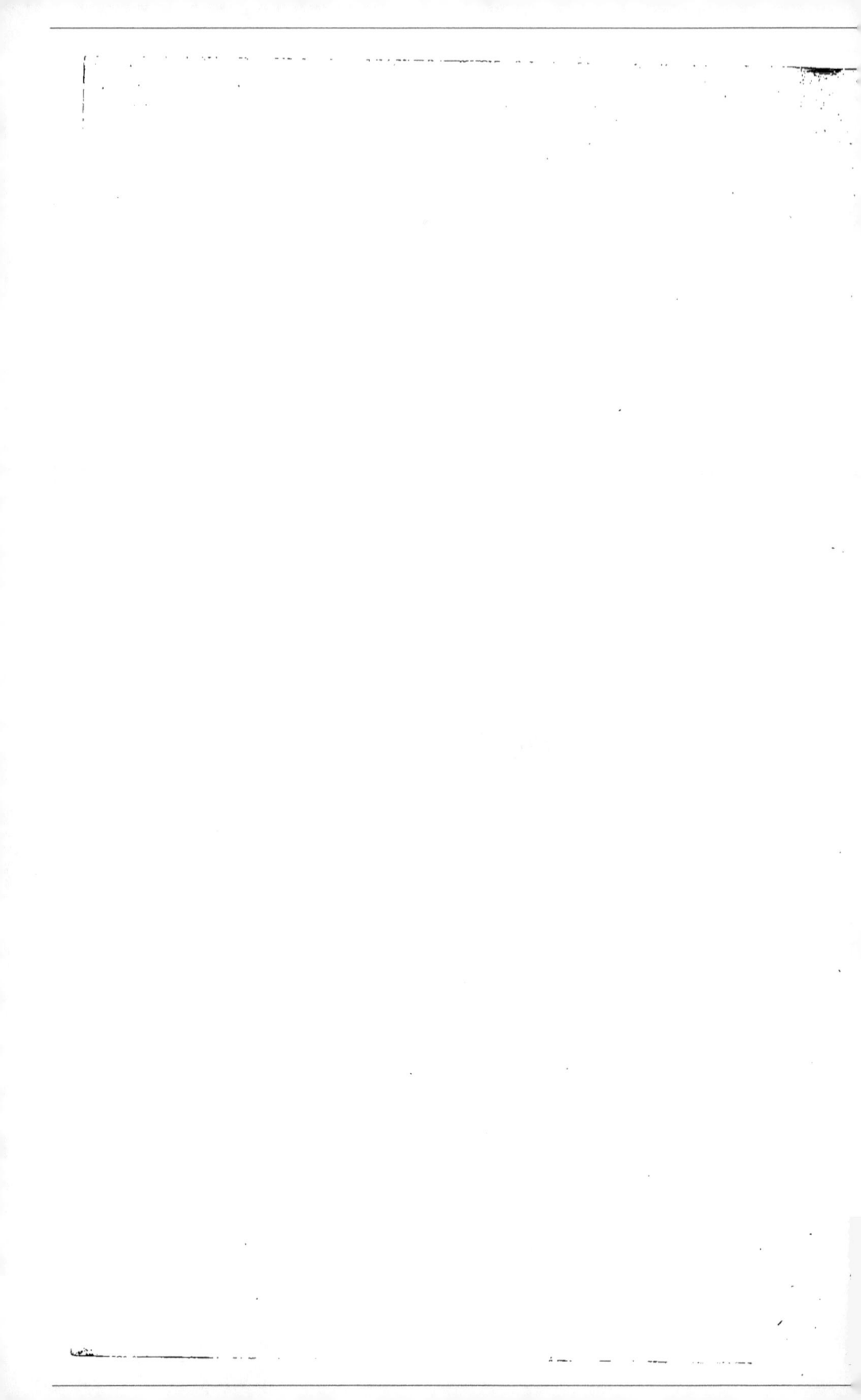

LES TRAVAUX GÉOLOGIQUES

DE M. V. THIOLLIÈRE;

PAR

M. J. FOURNET (1),

Professeur à la Faculté des Sciences de Lyon.

M. Victor Thiollière a soumis à l'appréciation de l'Académie sa carte géologique du département du Rhône. Chargé de rendre compte de ce travail, je vais tenter d'en faire comprendre l'origine, l'étendue et la portée.

Les célèbres auteurs de la carte géologique de la France, en livrant à la publicité l'immense réseau dans lequel ils venaient d'établir la continuité des grandes masses minérales de notre patrie, firent comprendre la nécessité d'une dissection ultérieure. Celle-ci doit préciser d'une manière plus rigoureuse les limites des formations et entrer dans les minutieux détails qu'une exploration sommaire ne peut comporter.

Plusieurs départements se hâtèrent de faire les

(1) Lu à l'Académie royale des Sciences, Belles-Lettres et Arts de Lyon, dans la séance du 10 août 1847.

frais de ces entreprises ; dans d'autres elles furent abandonnées au zèle des particuliers. Animé du désir d'être utile à son pays, M. Thiollière se lança aussi dans la carrière.

Mais il s'agissait avant tout d'adopter le système le mieux approprié aux localités. Quiconque a un peu voyagé sait bien, en effet, que d'une contrée à l'autre tout change. Le climat, la végétation, les cours d'eau, les configurations des vallées, la forme des montagnes, la physionomie des plaines se modifient; aussi, l'on ne figurera pas à l'aide de couleurs, les roches si diversifiées du Jura avec la même facilité que l'ensemble presque monochrome de la Bresse; les Alpes ne s'exprimeront pas comme les vastes plaines de la Lombardie et nos montagnes lyonnaises si fécondes en phénomènes divers ne seront pas susceptibles d'être traitées comme l'uniforme système de la France centrale.

C'est assez dire que chaque forme, chaque structure d'un pays comporte pour ainsi dire une méthode spéciale qu'il faut nécessairement abandonner à la sagacité de l'explorateur. Cette méthode varie d'ailleurs avec l'amplitude de l'objet qu'on se propose de figurer. S'il s'agit d'une simple station, les moindres détails pourront souvent être exprimés par une carte d'une médiocre grandeur; s'il s'agit au contraire d'un royaume comme la France, il arrivera que plusieurs ensembles, doués de propriétés différentes, devront nécessairement être contractés en un seul, autrement leurs dimensions seront exagérées, et par suite, certaines parties d'une carte deviendront fautives. C'est ce qu'ont fort bien compris les auteurs du beau travail dont la France s'honore, et, dès le début, nous avons déjà rendu justice à l'impulsion vers l'examen des détails qu'ils ont cherché à imprimer.

Un autre géologue, l'un des vétérans de la science, l'un des esprits les plus indépendants et les plus prompts à saisir le côté utile des idées, M. Boué, a, de son côté, émis le vœu que l'on arrivât à colorier géologiquement les plans cadastraux.

Cette pensée, pour le dire en passant, mérite de fixer l'attention des administrateurs, car si le cadastre doit représenter la propriété foncière avec la plus grande exactitude possible, il faut nécessairement faire entrer comme élément d'appréciation la reconnaissance géologique des différentes parties dont la surface du sol se compose. En effet, la valeur d'un hectare de marnes du lias, par exemple, à égalité d'altitude, d'exposition, de voisinage des eaux, etc., vaudra trois et quatre fois plus que la même étendue en calcaires oolithiques. Ainsi donc, le mode de classement dans lequel la géologie aurait part, serait par cela même plus exact et moins sujet à l'arbitraire que l'expertise des répartiteurs qui opèrent en rangeant les champs sous quatre classes fondées sur le revenu présumé.

D'un autre côté, ne serait-ce pas une pensée digne d'une administration éclairée, jalouse du progrès intellectuel et matériel du pays qu'elle est appellée à gouverner, que d'ordonner le dépôt de ces renseignements géologiques dans chaque mairie ? Non seulement les géologues voyageurs trouveraient ainsi sur les lieux des indications précieuses ; mais encore les observations des gens instruits ou naturellement observateurs de chaque localité auraient enfin un point de rattachement et un moyen de se formuler en s'ajoutant à celles exprimées sur les tracés cadastraux. D'ailleurs, la géologie pourrait ainsi entrer pour quelque chose dans l'instruction des enfants de la campagne, et cela par l'intermédiaire des instituteurs communaux qui eux-mêmes en recevraient les idées élémentaires en comparant les données cadastrales avec le sol qui leur est familier.

C'est sous ces derniers points de vue que M. Thiollière a en partie envisagé la question ; je dis en partie, car nous verrons bientôt qu'il a aussi su s'élever aux grandes conceptions théoriques. Pour le moment, ce qui précède a dû faire comprendre que divers tâtonnements préliminaires étaient inévitables pour trouver le procédé le plus approprié à la confection de la carte géologique du département du Rhône. Ces essais l'ont conduit à adopter, pour la minute de cette carte, une très grande échelle, afin d'atténuer autant que possible les erreurs et les incertitudes des positions. Aussi son développement se compose de soixante feuilles originales qui seront ensuite réduites, pour la carte gravée, à un nombre d'autant moindre que la somme qui pourra être affectée aux frais de gravure sera plus faible. A l'échelle de 1 mètre pour 40 mille, la feuille que l'Académie a sous les yeux ne comprend que la 6ᵉ partie du tracé total.

Ces bases peuvent paraître gigantesques ; mais on remarquera que les applications utiles des cartes géologiques diminuent en raison directe de la réduction de l'échelle qui a présidé à leur confection topographique. Non seulement il devient impossible de fixer les positions avec quelque précision, si les proportions sont très petites, mais on se trouve de plus dans la nécessité de supprimer une foule de détails importants, soit pour la théorie, soit pour la partie purement technique. Quelquefois, il est vrai, le géologue exercé peut suppléer aux lacunes, parceque son expérience lui a appris que tel mouvement du sol est l'indice d'un changement dans la nature des roches, ou bien encore parce qu'il connaît les lois de leur disposition réciproque. Mais l'agriculteur, mais l'industriel dont le jugement s'est façonné à d'autres destinations, se trouvent fort embarrassés quand il s'agit de trouver un gîte qui n'est indiqué qu'avec une incertitude possible de plusieurs kilomètres.

Comment pourraient-ils, d'ailleurs, atteindre leur but lorsqu'une seule teinte désigne tout un ensemble de couches très variées par leur couleur, par leur texture, par leurs qualités bonnes ou mauvaises et que cet ensemble n'a d'autre lien commun qu'un système abstrait qu'on appelle une époque de formation? Des cartes ainsi construites, et il faut ranger dans cette catégorie la carte géologique de France, de pareilles cartes, disons-nous, ne sont donc utiles qu'aux géologues auxquels elles fournissent d'excellents moyens de raccordement; mais, pour les hommes de pratique, elles ne peuvent avoir de l'intérêt qu'en ce sens qu'elles sont destinées à provoquer des travaux plus détaillés sur chaque localité.

En définitive, éviter la reproduction banale de ce que l'on possède déjà, se rendre utile à l'agriculture et à l'industrie, telles sont les premières conditions que M. Thiollière a eu en vue, et l'on en a, entr'autres, une preuve dans l'empressement avec lequel le congrès vinicole, tenu à Lyon, s'est empressé de publier les documents géologiques qu'il a pu lui fournir.

Si donc, dès à présent, l'on doit avoir acquis une idée suffisante de la manière dont M. Thiol-lière a cherché à payer sa dette au pays, il ne nous reste plus qu'à établir les services qu'il rend à la science théorique par ses reconnaissances locales, multipliées et détaillées jusqu'à une minutie apparente.

Dans cet exposé, nous n'aurons égard qu'aux seuls faits qui concernent un système de couches nettement définies dans l'état actuel de nos connaissances.

Soit donc l'ensemble qui s'est constitué pendant la durée d'une des plus grandes périodes géologiques, ensemble qu'on est convenu d'appeler le terrain jurassique. Il est composé de divers termes, les uns inférieurs savoir : le lias et l'oolithe ; les autres supérieurs qui ont reçu les noms d'oxfordien, de corallien, de kimmeridien et de portlandien. Ce système forme une large ceinture autour du massif de la France centrale, et, dans sa vaste étendue, il prend successivement des physionomies diverses. Pour peu que l'on ait examiné les dépôts qui s'effectuent dans les mers actuelles, on conçoit même qu'il doit en être ainsi, car les affluents, les rivages, les grandes profondeurs, les courants sous-marins doivent nécessairement introduire des modifications locales dans un régime général.

Une difficulté se présente donc immédiatement à l'observateur qui possède un premier point de départ, et cette difficulté est celle de savoir reconnaître les subdivisions correspondantes, quelques soient les dissemblances qu'elles présentent d'une station à une autre. C'est ici que la paléontologie dont M. Thiollière s'est aussi beaucoup occupé, lui a été essentiellement utile. Les espèces organiques, le test des coquilles conservées dans le sein des roches sont en effet autant de médailles que la nature y a enfouies comme à dessein pour marquer les époques successives de ses créations. Là où tous les autres caractères font défaut, là où des ordres d'architecture particuliers se substituent à ceux qui sont en vigueur ailleurs, il reste néanmoins une date imprimée sur la pierre, et cette date est donnée par la forme spéciale d'un mollusque conchylifère.

Ceci posé, voyons le parti qui a été tiré de ces indications et quelles sont les améliorations qui en ont été la conséquence.

Sur toute la rive droite de la Saône, depuis Dijon au nord jusqu'au Mont-d'Or lyonnais, la carte géologique de France n'indique que le premier étage jurassique au-dessus du lias. L'absence des

étages supérieurs sur un si long espace, faisait supposer qu'ils n'y avaient pas été déposés, car il était
peu probable que les érosions eussent pu en opé-
rer le déblai, sans en laisser çà et là au moins quelques lambeaux.

Or, pour expliquer cette anomalie d'un terrain
privé de ses parties supérieures, il fallait compli-
quer la supposition première, par celle d'un mouvement opéré dans le bassin de réception, de
manière à changer la circonscription du dépôt.
Delà l'idée assez généralement admise que le jurassique inférieur de la rive droite avait été émergé
du sein des eaux avant le dépôt de l'oxfordien
dans le Bugey et dans le Bas-Dauphiné. C'était,
comme on le comprend, un recours aux grands
moyens, dont il faut éviter l'emploi, à moins
qu'ils ne soient motivés par une série de documents divers. Heureusement pour la simplicité,
M. Thiollière a reconnu que les parties supérieures
étaient largement développées soit aux environs
de Mâcon soit aux environs de Tournus; il a même
pu, conjointement avec M. Sauvanau, dont nous
déplorons la perte récente, déterminer près du
village de Chevagny, à l'ouest de Mâcon, un lam-
beau du troisième étage offrant les nérinées et les
ptérocéras caractéristiques du kimmeridien et du
portlandien de la Haute-Saône. Il est donc hors de

doute que si les deux étages supérieurs manquent
dans le département du Rhône , c'est uniquement
aux érosions diluviennes qu'il faut en attribuer
l'ablation après leur dépôt , et ce fait donne à lui
seul une haute idée de l'énergie destructive avec
laquelle le diluvium a agi dans nos contrées.
Puisque l'occasion s'est déjà antérieurement pré-
sentée d'entrer devant l'académie dans de nombreux
détails à ce sujet, il est inutile d'insister plus lon-
guement sur un cataclysme dont la cause et le de-
gré d'amplitude peuvent bien être l'objet de nom-
breuses controverses, mais dont les effets du moins
se décèlent à chaque pas que l'observateur fait
sur le sol de la contrée. Aussi suffit-il d'avoir
fait remarquer combien l'étude détaillée des localités, combien cette étude , faite avec un certain
esprit de généralisation , a été importante, puis-
qu'elle a ajouté des faits capitaux à notre géologie
et anéanti à tout jamais quelques idées préconçues
qui la compliquaient inutilement.

Si actuellement nous passons aux autres parties
du bassin du Rhône , il sera facile de s'assurer que
de semblables rectifications doivent encore être ap-
portées au travail de MM. les ingénieurs des mi-
nes. Ainsi j'ai montré que, dans l'Ardèche, ce
que la carte géologique de France indique comme appartenant au lias, dépend de l'oxfordien ,

et il faut ranger notamment dans ce cas les gites
importants du minerai de fer de la Voulte et de
Veyras. Cette rectification a été, en quelque sorte,
le point de départ de notables modifications dans la
géologie du midi de la France.

M. Thiollière, à son tour, a reconnu que l'étage
oolithique manque dans ce même département, et
et que l'oxfordien y repose directement sur le lias.
En même temps, l'oxfordien subit une transforma-
tion remarquable sur une grande portion de son
épaisseur. Des calcaires compactes et parfaitement
stratifiés prennent la place des roches marneuses
connues dans les montagnes du Jura et dans le
nord du département de l'Isère, sous le nom de
calcaire à Seyphies et de marnes supérieures de
l'oxford-clay. La grande assise de ces calcaires si
solides et d'une texture si fine, dont la magnifique
pierre de Crussol provient, offre dans le midi un
horizon géognostique inconnu dans le nord du
bassin du Rhône. C'est elle qui couronne, de ses
vastes terrasses escarpées, les montagnes jurassiques des Coyrons dans l'Ardèche; celles des environs de Die et de Luc, dans la Drôme; celles du
Coupé et du Cheval Blanc et celles de plusieurs autres sommités dans les Hautes et Basses Alpes, etc.
C'est encore elle qui porte sur ses bancs verticalement
redressés les citadelles de Sisteron et de Grenoble.

La détermination précise du niveau auquel appartiennent les calcaires de Crussol et de la porte de France, n'a pu s'obtenir que par l'étude des débris fossiles d'animaux marins qui y sont renfermés; car la série des couches présente encore uu hiatus immédiatement au-dessus : la formation crétacée reposant sans intermédiaire sur le calcaire compacte. Or, la plupart des fossiles de cette assise sont bien les mêmes que ceux des marnes qui la supportent, et ils caractérisent partout l'étage oxfordien ; mais on y trouve en outre quelques espèces signalées récemment par M. de Buch comme appartenant spécialement aux couches jurassiques supérieures de la Crimée, des Carpathes et des Alpes lombardes. La réunion des unes avec les autres dans l'assise dont il s'agit, est un fait important en ce qu'il prouve d'abord que les couches citées par M. de Buch appartiennent à l'étage oxfordien, ce que l'on ne pouvait affirmer jusqu'ici, et ensuite que le jurassique du midi du bassin du Rhône forme la continuation de celui du bassin du Pô et des bords du Danube inférieur.

Dès-lors il devient probable que l'étage oolithique inférieur manque également dans toute l'étendue qui sépare les Cévennes de la Mer-Noire, et comme nous savons d'un autre côté, d'après MM. Murchison et de Verneuil, que cet étage n'existe pas non plus en Russie, on peut déjà concevoir des doutes sur la valeur de cette division dans la généralité du système jurassique. L'étage moyen ou oxfordien, au contraire, est constamment représenté en Europe partout où la formation elle-même a pris quelque développement.

Les différences que M. Thiollière signale entre le type jurassique de la partie méridionale et celui de la partie septentrionale du bassin du Rhône forcent à admettre l'existence d'un barrage transversal qui se prolongeait en partant de Lyon et de Tournon à l'ouest, au moins jusque vers Chambéry à l'est. Il en résulterait par conséquent des tendances nouvelles dans le relief du sol à cette époque, peut-être une première influence de la Méditerranée dont le bassin aurait commencé à se circonscrire à dater de cette ancienne période géologique.

A ce coup d'œil général se rattachent d'ailleurs diverses considérations particulières. En comparant, par exemple, les modifications des diverses assises du système jurassique de notre bassin, M. Thiollière arrive à cette conclusion que ces modifications s'étendent suivant des directions à peu près E — O, c'est-à-dire transversalement à l'axe du bassin Rhône-Saône. Ainsi, l'on savait déjà par les travaux de M. Sauvanau que la grande oolithe dans le Bugey est principalement constituée par ce

que nous appelons à Lyon le choin de Villebois.
Or, MM. Thiollière et Sauvanau ont reconnu qu'aux
environs de Mâcon ce groupe possède la même texture compacte, et qu'il est accompagné des mêmes
couches accessoires avec les mêmes fossiles que
dans le Bugey. Voilà donc une bande bien carac-
térisée par son état spécial; mais davantage au nord,
à Tournus d'une part, et, de l'autre, dans le département du Jura, aux environs de Lons-le-Saul-
nier, cette même subdivision affecte la texture
oolithique ainsi que la couleur blanche qui est le
type anglais, normand et alsacien de la grande
oolithe. D'un autre côté, au sud, cette même manière d'être reparaît à Châtillon-d'Azergue, à Anse,
de même qu'à Crémieux. Ainsi le choin de Villebois, cette pierre si précieuse par les monolithes
qu'elle fournit aux colossales constructions de
Lyon, cette pierre qui a motivé un genre d'architecture tout-à-fait exceptionnel, cette pierre est
elle-même une exception jurassique, circonscrite
dans une zone assez étroite, et transversale à l'axe
de notre bassin.

L'autre modification dont nous avons déjà parlé,
celle qui concerne l'absence complète de cette
même grande oolithe, soit sous la forme de choin,
soit avec la texture oolithique proprement dite, dé-
buterait encore davantage au sud à la hauteur de

Valence, c'est-à-dire au midi d'une solution de continuité ou d'une lacune qui s'est jusqu'à présent soustraite aux investigations géologiques. Peut-être est-elle occasionnée par le pâté primordial qui, dérivé des annexes du Pilat, s'étend sur la rive gauche du Rhône, depuis St-Symphorien d'Ozon jusqu'à St-Vallier. En tous cas, ce qui est connu relativement à ces variations et à ces interruptions permet de supposer qu'elles ne sont pas déterminées par l'alignement des cimes du Jura, mais plutôt par une perpendiculaire à cet alignement. Et quoiqu'il y ait sans doute encore beaucoup à faire pour multiplier les exemples à l'appui de cette conclusion, elle présente déjà assez de probabilités pour mériter de fixer l'attention des géologues qui habitent notre bassin.

Ces indications, comme on le voit, concernent plutôt la géologie générale que celle du département. Mais, du moment que l'on s'attache à un point, il est essentiel de faire ressortir ce qui le distingue des points environnants, autrement la tâche est incomplète. Pourrait-on d'ailleurs approuver une œuvre toute concentrée en elle-même; sans harmonie, parce qu'elle n'est liée à rien; sans principes, parce que les principes ne se déduisent que d'un certain ensemble? Evidemment non! car, familiarisés avec les grandes conceptions scientifiques, nous en reconnaissons aussi l'utilité

ainsi que la portée , et dès-lors nous devons naturellement adopter, tout ce qui tend à amplifier le
champ de nos connaissances.

Je ne terminerai pas ce résumé succinct des travaux de M. Thiollière sans rappeler ses précédentes
recherches ainsi que les récompenses qu'elles ont
valu à leur auteur.

Ce géologue a d'abord présenté à la Société d'a-
griculture sa carte géologique du Mont-d'Or lyonnais à l'appui d'un mémoire pour lequel il reçut de
cette société la grande médaille d'or mise à sa disposition par madame la duchesse d'Orléans. Cette
Société , profondément convaincue des avantages
qui doivent découler de ses investigations, n'a
d'ailleurs pas tardé à l'adjoindre à ses travaux en
qualité de titulaire.

Plus tard l'Académie a couronné une autre mémoire contenant une description de plusieurs can-
tons du département. Par cette récompense dont
tant d'ambitions se montrent satisfaites , l'Académie a fait plus qu'un acte de justice, elle a donné
la preuve d'une heureuse communauté d'opinions
et d'une confraternité scientifique avec la Société
dont je viens de parler. Dans le travail présenté à
l'Académie, M. Thiollière s'était attaché surtout à
faire ressortir les caractères minéralogiques et
paléontologiques du *ciret*. Cette roche, confondue

jusqu'alors avec diverses autres, a été définitivement classée par lui, et c'était faire un heureux début dans la science. Depuis, tout en étudiant comparativement les terrains secondaires dans les départements voisins et dans le nôtre, il a poussé plus avant le travail de sa carte. La feuille que l'Académie a sous les yeux ne comprend pas toutes les comnunes examinées par lui ; cependant elle offre un périmètre plus étendu que celui sur lequel ses travaux antérieurs avaient été communiquées, soit à la Société d'Agriculture, soit à l'Académie elle-même. Le travail de la gravure de cette feuille n'est qu'un essai qui n'a point satisfait M. Thiollière, et il n'a pas jugé à propos de s'imposer la dépense d'une exécution plus parfaite avant d'avoir demandé au département de concourir au moins pour une part à l'œuvre qu'il a courageusement et libéralement entreprise.

Quant à l'Académie, j'ai la conviction qu'elle continuera d'applaudir aux travaux de M. Thiollière, et qu'en lui donnant la faculté de les continuer dans son sein, elle contribuera à l'achèvement d'une des plus belles opérations géologiques de notre époque.

www.ingramcontent.com/pod-product-compliance
Lightning Source LLC
Chambersburg PA
CBHW060512200326
41520CB00017B/5016